SPACE STATION ACADEMY

太空学院
月球漫步

[英] **萨利·斯普林特** 著

[英] **马克·罗孚** 绘 **罗乔音** 译

中信出版集团 | 北京

图书在版编目（CIP）数据

月球漫步 /（英）萨利·斯普林特著；罗乔音译；
（英）马克·罗孚绘 . — 北京：中信出版社，2025.1.
（太空学院）. — ISBN 978-7-5217-7219-7

Ⅰ. P184-49

中国国家版本馆 CIP 数据核字第 2024E44U39 号

Space Station Academy: Destination the Moon

First published in Great Britain in 2023 by Wayland

© Hodder and Stoughton Limited, 2023

Editor: Paul Rockett

Design and illustration: Mark Ruffle

Simplified Chinese translation copyright © 2025 by CITIC Press Corporation

ALL RIGHTS RESERVED

月球漫步
（太空学院）

著　者：[英]萨利·斯普林特
绘　者：[英]马克·罗孚
译　者：罗乔音
出版发行：中信出版集团股份有限公司
　　　　　（北京市朝阳区东三环北路 27 号嘉铭中心　邮编　100020）
承 印 者：北京瑞禾彩色印刷有限公司

开　本：787mm×1092mm　1/16　　印　张：24　　字　数：960 千字
版　次：2025 年 1 月第 1 版　　　　印　次：2025 年 1 月第 1 次印刷
京权图字：01-2024-3958
书　号：ISBN 978-7-5217-7219-7
定　价：148.00 元（全 12 册）

图书策划　巨眼
策划编辑　陈瑜
责任编辑　王琳
营　　销　中信童书营销中心
装帧设计　李然

目录

本书人物

波特博士

莎拉

麦克

星

莫莫

乐迪

目的地：月球

欢迎大家来到神奇的星际学校——太空学院！在这里，我们将带大家一起遨游太空。快登上空间站飞船，和我一起学习太阳系的知识吧！

大家快看那美丽的月球！你们在忙什么呢？

今天，太空学院正慢慢靠近月球，也就是地球的卫星。不过，同学们的注意力似乎在别处。

3

今天的第一节课开始了。

马上就到月球了，我们一起来学习一些基础知识吧！

月球是地球的卫星，平均直径 3 476 千米，是太阳系中体积第五大的卫星。

它的自转周期与绕地球公转的周期相等，都是 27.3 天。所以，从地球上，我们只能看到月球的一侧。

我们在地球上不能直接看到的月球的那一侧叫"月球背面"。

太阳系中的所有行星都有卫星吗？

大多有。地球有一颗卫星，当然，也有两颗行星一颗卫星都没有。

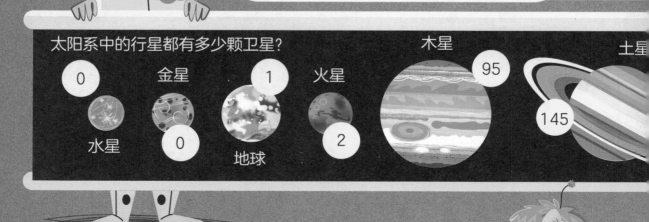

太阳系中的行星都有多少颗卫星？

水星 0　金星 0　地球 1　火星 2　木星 95　土星 145

这是我的"把人送上任意星球传送机",简称星球机!

星球机

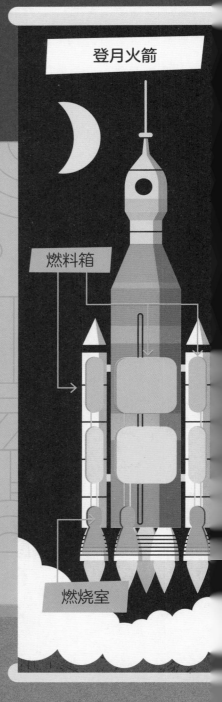

登月火箭

燃料箱

燃烧室

人类有许多探测月球的航天任务。科学家用火箭发射航天器,让航天器脱离地球引力,进入太空。

火箭燃烧燃料的地方叫"燃烧室"。燃烧的燃料会释放出气体,气体从火箭底部喷向地面,推动火箭上升。

但是,有了我独家发明的星球机,我只要把这个"漏斗"对准你,按下这个按钮,你就会消失,然后出现在月球上!

莫莫打开了星球机。

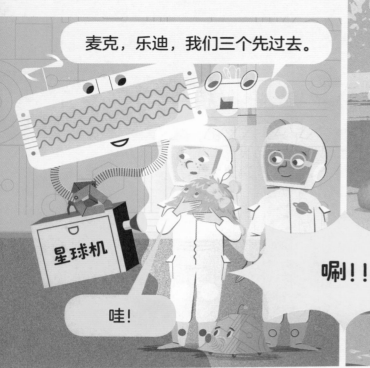

这时，莎拉发现了问题。

终于，所有人都安全到达了月球。

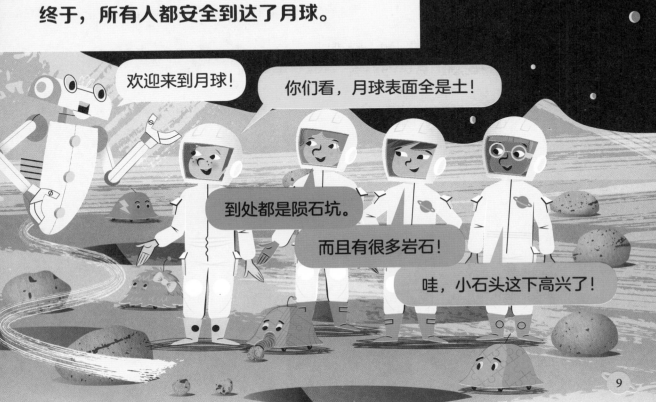

在地球的夜空中，月球是最亮的天体。这是因为月球表面反射了太阳光，所以好像在发光。

月球看起来很干燥，但它的岩石和土壤中藏着很多水分子，两极还有水冰。

月球有一层很稀薄的大气，叫作"外逸层"。外逸层里包含许多种气体，其中有一些地球大气中没有的元素，比如钠、钾。

我们的机器人都忙起来啦！小迷糊在测量月球的温度。

月球表面的温度变化很大，因为它的大气层太薄了，不能给它"保暖"。当太阳照耀月球时，月球温度可达127℃。月球北极的温度可低至 −250℃，这比冥王星还要冷——要知道冥王星离太阳非常远！

看，奔奔跳来跳去的真可爱！

月球的重力很小，大约是地球重力的1/6。所以你可以跳得更高，也要花更长时间才能落地。

小石头一直忙着收集岩石呢！波特博士，这些看着像火山岩。

是的，乐迪！月球上曾有火山爆发，不过，在最近几百万年里，这里已经没有活火山了。

绒绒只想我抱着它。

波特博士，月球是怎样形成的？

好问题！

构成月球的岩石成分与地球相同。

有些科学家认为，它形成于大约 45 亿年前，当时，一颗叫"忒伊亚"的小行星撞上了年轻的地球。这次撞击引起了大爆炸，大量岩石被抛到太空中，然后聚集在一起，形成了月球！

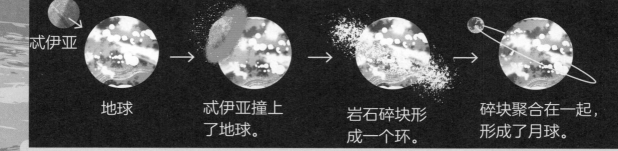

忒伊亚

地球

忒伊亚撞上了地球。

岩石碎块形成一个环。

碎块聚合在一起，形成了月球。

哦，绒绒不喜欢行星相撞的声音！今天不会有小行星撞上月球吧？

其实每年都会有很多陨石撞击月球。经统计，科学家认为陨石每年会在月球上创造大约180个直径至少10米的陨石坑！

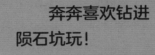

奔奔喜欢钻进陨石坑玩！

小石头还在收集岩石！小石头，已经够多了，不用再捡了！

月球对地球很重要。

波特博士，月球有什么作用呢？

是啊，为什么我们离不开它？

月球的引力让地球的自转稳定了下来。没有月球引力，地球就会绕着地轴晃来晃去。

月亮还照亮了我们的夜空。对许多生物来说，月光与生存密切相关。

月球的引力影响着地球的海洋潮汐。月球会把地球的海水沿着运行轨道拉向自己。

低潮

高潮

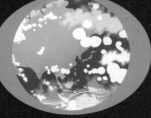

高潮 ⟶

低潮

当太阳、月球、地球在一条直线上时，会在地球上引起更大的潮汐。

地球上的海水相对的两边同时隆起或同时凹陷，这就是高潮与低潮。

"奔奔追逐赛"开始了。

我们去抓奔奔吧！路上还可以看到一些壮观的景色！许多地球上的地貌景观，月球上也有哟。

你们知道月球上的"月海"吗？它们不是真的海洋，而是凝固的岩浆岩形成的平原。小行星撞击月球后，岩浆从月球的核心涌出，凝固后就形成了"月海"。南北径约 2500 千米的风暴洋是最大的月海。

月球上还有山脉，其中一条以欧洲的阿尔卑斯山脉命名。月球上也有雄伟壮观的孤山，比如 5.5 千米高的惠更斯山！

月球上到处都是陨石坑！最大的陨石坑是南极－艾特肯盆地，直径大约 2 500 千米。

如果有望远镜，你们甚至可以在地球上看到我刚刚说到的景观！

快看奔奔跑到那儿了！

我还看到了别的——那是什么？

这是月球漫游车。目前，人类已经把 7 辆不同的月球车送上月球了。其中 4 辆无人驾驶，可以自行探索月球表面，还有 3 辆需要由宇航员驾驶，比如这辆。

如果我们能修好这辆月球车，就可以抓住奔奔了！它是由电池供电的，最高速度是每小时 13 千米，不过我想，我们可以让它跑得更快点儿！

小迷糊，把扳手递给我！

我的小迷糊最乐于助人了！

相机

座椅

向地球发送图像的天线

控制杆

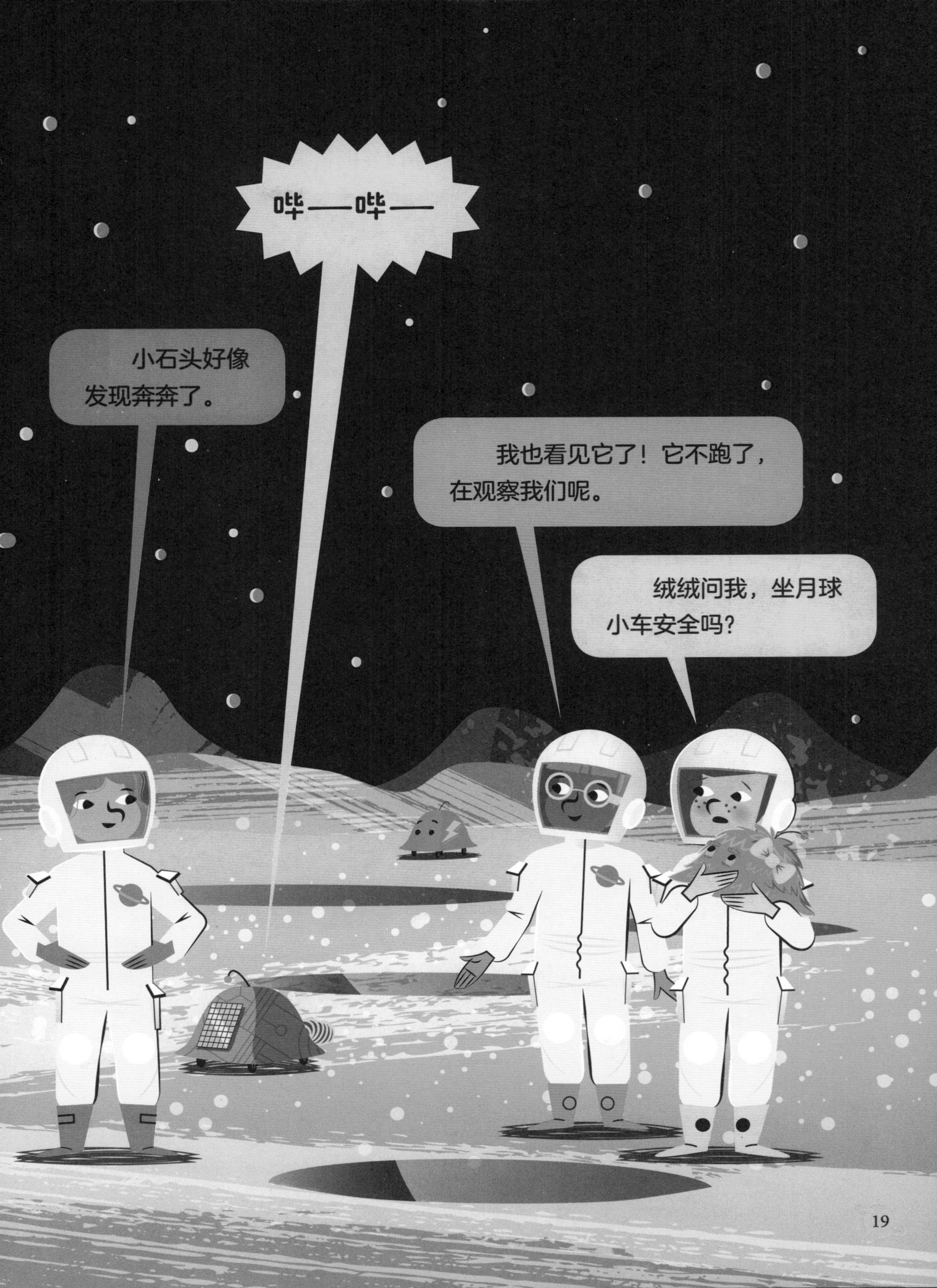
哔——哔——
小石头好像发现奔奔了。
我也看见它了！它不跑了，在观察我们呢。
绒绒问我，坐月球小车安全吗？

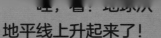

月球绕地球运行，有时候我们在地球上看，会发现月亮似乎遮住了太阳。这就是日食。每年，地球上都会发生 2 到 5 次日食，至于你能不能看到，就要看你在地球上的哪里了。不过，记得永远不要直视太阳——因为明亮的光线会损害视力，哪怕是日食的时候也不行。

日食

月亮从太阳前面经过时，太阳的光线被遮挡，在地球上投下了阴影。

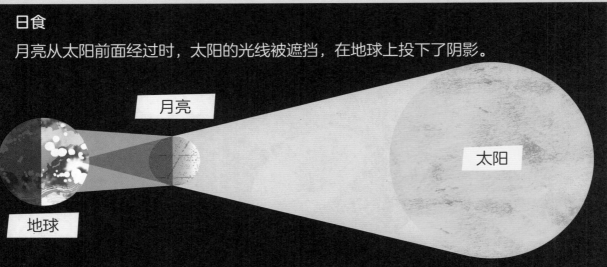

月亮

太阳

地球

现在，我们快去抓调皮的奔奔吧！

没错！我们在地球上看的月亮有 8 种形状变化，也就是 8 种"月相"。

其实，月亮本身的形状没变，变的是它反射阳光的部分。

8 种月相

8 种月相的变化会在 29.5 天内完成。这 29.5 天是阴历的一个月。

4. 盈凸月

2. 上蛾眉月

3. 上弦

5. 满月

地球

1. 新月

6. 亏凸月

7. 下弦

8. 下蛾眉月

哔哔，哔哔！该回家了！

太空学院的课外活动

太空学院的同学们参观了月球之后，产生了很多新奇的想法，想要探索更多事物。你愿意加入他们吗？

波特博士的实验

要让太空飞船脱离地球引力，就需要用火箭将它发射出去。我们来做个火箭吧！记得发射的时候要去户外，还要请大人帮忙。

材料和用具

塑料瓶和瓶塞——用胶带把瓶塞缠起来，直到大小适合瓶口。

冰棒棍

量杯

胶带、线

装饰品

卡纸，纸巾

碳酸氢钠（小苏打）

白醋

方法

将卡纸卷成圆锥形，安在瓶底，这就是火箭的"整流罩"。用胶带把冰棒棍粘在瓶子上方当作支架，让火箭立起来。然后用装饰品装饰一下你的火箭！

制作燃料包：在纸巾上放一茶匙碳酸氢钠，把纸巾绑成一小束。准备好 50 毫升白醋。

到户外去。发射火箭时，你得记住所有的步骤，而且行动要迅速！

往瓶中倒入 50 毫升白醋。加入燃料包，插入软木塞，将瓶子立起来，你靠后站。

观察与思考

把碳酸氢钠加到醋里，会发生什么？火箭飞起来了吗？

更多可能

试着改变碳酸氢钠和白醋的分量，会有什么变化？试着改变火箭支架的长度，让火箭倾斜。换一个整流罩会怎么样？没有整流罩会怎样？

5
4
3
2
1
发射！

乐迪了解的月球小知识

弗兰克·辛纳塔唱过一首歌，名叫《带我飞向月球》。阿波罗 11 号飞船登月前曾放过这首歌。如果你要参加登月计划，你想听什么歌？

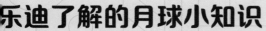
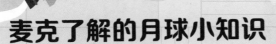

麦克了解的月球小知识

如果你把月亮从中间切开，就会发现里面有五层。

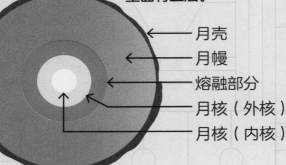

- 月壳
- 月幔
- 熔融部分
- 月核（外核）
- 月核（内核）

星的月球数学题

月球周长 10921 千米，月球车的时速可达 13 千米。这辆小月球车绕月球一圈要花多久？试试看，以地球上的"小时"和"天"为单位来回答。

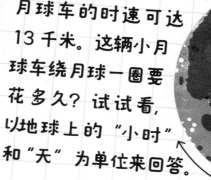

莎拉的月球图片展览

参观月球真是太有趣啦。

这是从伽利略号飞船上看到的月球。看到底部那个明亮的白色陨石坑了吗？它是巨大的第谷陨石坑。

在这张图上，我们可以看到地球在月球上方。月球的这一部分叫史密斯海。

莫莫的调研项目

不管我们在地球上的哪个位置，都可以看到月球。人类还创造了许多关于月亮的故事和神话。你能查一查不同国家代代相传的关于月亮的故事吗？

这是人类在月球上留下的第一个脚印。月球表面几乎没什么地质活动，所以这个脚印可能会在原地留存数百万年。

这是 1972 年航天员尤金·塞尔南驾驶月球漫游车的照片。这是不是我们之前开过的那辆车？

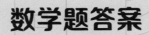

数学题答案

大约 840 小时，35 天。

词语表

大气层：环绕行星或卫星的一层气体。

分子：保持物质特有化学性质的最小微粒。

轨道：本书中指天体运行的轨道，即绕恒星或行星旋转的轨迹。

核心：某物的中心，比如行星或卫星的中心。

太阳系：由太阳以及一系列绕太阳转的天体构成。

卫星：围绕行星运转的天然天体。

小行星：沿椭圆轨道绕太阳运行的一种小天体。

引力：将一个物体拉向另一个物体的力。

陨石：落在行星或卫星等表面的、来自太空的岩石。

陨石坑：天体（比如月球）表面由小天体撞击而产生的巨大的、碗状的坑。

直径：通过圆心或球心且两端都在圆周或球面上的线段。

轴：物体（比如行星）绕着一根虚构的线旋转，这根线就是轴。